本书受上海市教育委员会、上海科普教育发展基金会资助出版

上海自然博物馆
Shanghai Natural History Museum
上海科技馆分馆
Branch of Shanghai Science & Technology Museum

我们要远离的虫子

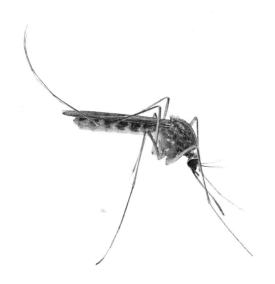

上海教育出版社
SHANGHAI EDUCATIONAL
PUBLISHING HOUSE

图书在版编目(CIP)数据

我们要远离的虫子 / 徐蕾主编. – 上海: 上海教育出
版社, 2016.12
（自然趣玩屋）
ISBN 978-7-5444-7347-7

Ⅰ.①我… Ⅱ.①徐… Ⅲ.①昆虫 – 青少年读物
Ⅳ.①Q96-49

中国版本图书馆CIP数据核字(2016)第287986号

责任编辑　芮东莉
　　　　　黄修远
美术编辑　肖祥德

我们要远离的虫子

徐　蕾　主编

出　　版　上海世纪出版股份有限公司
　　　　　上　海　教　育　出　版　社
　　　　　易文网 www.ewen.co
地　　址　上海永福路123号
邮　　编　200031
发　　行　上海世纪出版股份有限公司发行中心
印　　刷　苏州美柯乐制版印务有限责任公司
开　　本　787×1092　1/16　印张 1
版　　次　2016年12月第1版
印　　次　2016年12月第1次印刷
书　　号　ISBN 978-7-5444-7347-7/G·6056
定　　价　15.00元

目录

我们要远离的虫子

烦人的"邻居们"

　　你知道吗，此时此刻，可能正有一群活跃的"小个子"在窥视着你，随时准备伺机而动。它们不仅给你的生活带来诸多不便，还有可能会危害你的健康，它们就是与你为邻的各种害虫。人类和这些虫子的战争很久以前就开始了，也将在未来继续下去。人类怎样才能在这场持久战中占据优势地位呢？所谓"知己知彼百战不殆"，就让我们从了解这些虫子开始吧！

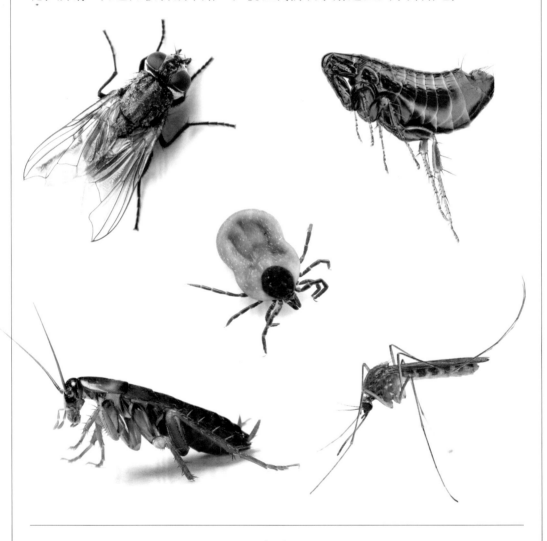

我们要远离的虫子

害虫通缉令

身手敏捷的刺客——蚊子

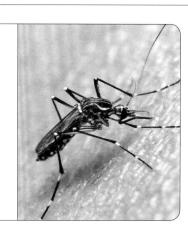

缉捕令

嫌疑虫：蚊子

体型：4～8毫米

特征：针状口器、1对发达的翅

习性：_____

危害：叮咬引起瘙痒、传播疾病

出没场所：居室内、水塘边

通缉级别：A

请补充缉捕令中缺失的信息。

● 人类之所以如此讨厌蚊子，不仅是因为它喜欢吸血的习性，更是因为它们大快朵颐后留给我们的"礼物"——奇痒无比的小包。

● 可是你知道吗，让我们"长"包的其实是人类自身的免疫系统。原来，当被蚊子叮咬后，身体的免疫系统会释放一种特殊的化学物质，使得部分体液渗透到皮肤之中形成鼓包。

● 蚊子在吸血的过程中还会将各种病菌传入我们的体内。请你查阅资料，写出蚊子会传播的3种疾病，并列出人类感染这些疾病后的症状。

蚊子传播的疾病	症状
疟疾	会出现不规律的发热，伴有头晕呕吐现象，一段时间后体温可达40度以上。

善于隐身的忍者——跳蚤

<table>
<tr><td rowspan="3">缉
捕
令</td><td>

嫌疑虫： 跳蚤

体型： 2~4毫米

特征： 无翅、后腿发达

习性： 寄生在哺乳动物、鸟类身上

危害： 叮咬引起瘙痒、传播疾病

出没场所： 宠物店、居室内

通缉级别： B

</td><td></td></tr>
</table>

● 跳蚤是另一种大名鼎鼎的吸血害虫，它没有蚊子那样的翅膀，那么它到底是如何转移到"猎物"身上的呢？

● 要知道，跳蚤可是昆虫界的跳高能手，它拥有一对异常发达的后腿。可别小看了这对腿，小小的跳蚤就是依靠它跳出比自己身体长100多倍的距离。有了这个本领，跳蚤无论想去哪里都是来去自如了。

● 跳蚤同样可以传播多种疾病，曾经肆虐欧洲的鼠疫（黑死病）的罪魁祸首就是它，这种疾病在近二千年的时间里造成了大约3亿人的死亡。

请根据以上提供的线索，从下面的选项中找出跳蚤的照片来完成缉捕令。

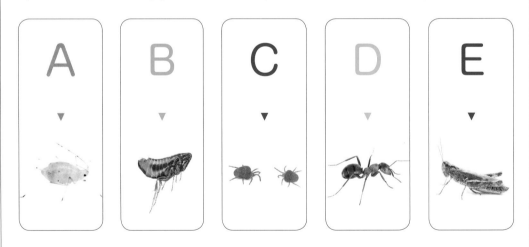

答案：B，其余各选项则依次为：A蚜虫、C螨虫、D蚂蚁、E蝗虫。

邋遢的"细菌弹"——苍蝇

嫌疑虫： 家蝇

体型： 6～9毫米

特征： 舐吸式口器、一对发达的翅

习性： 取食粪便、饭菜等

危害： 传播消化道疾病

出没场所： ＿＿＿＿＿＿＿＿＿

通缉级别： C

缉捕令

请补充缉捕令中缺失的信息。

● 家蝇可能是大自然中最不讲究用餐礼仪的家伙了。它在吃东西的时候有个非常不好的习惯，就是边吃、边吐、边拉。在这个过程中它就将各种病菌带到了我们的食物上，一旦吃了这些被感染的食物后，人类就会感染上肠道疾病。

● 可是家蝇自己为什么不会感染这些疾病呢？难道它们真的是传说中的百毒不侵吗？

● 原来，家蝇从吃进食物、吸收营养再到废物排出只要7～11秒，在这短短的几秒钟里细菌根本来不及在苍蝇体内繁殖，苍蝇自然也就不会生病了。看来，这边吃、边吐、边拉的习性也是苍蝇的一大优势呢！

我 们 要 远 离 的 虫 子

午夜的盗贼——蟑螂

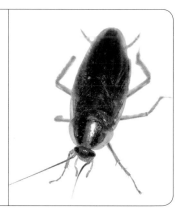

缉捕令

嫌疑虫：蟑螂

体型：10～40毫米

特征：＿＿＿＿＿＿＿＿＿＿

习性：喜阴暗角落、夜间活动

危害：传播多种疾病

出没场所：几乎无所不在

通缉级别：B

请补充缉捕令中缺失的信息。

● 每到夜深人静，多数人已经进入梦乡之际，便是蟑螂"小强"开始狂欢的时候了。在漆黑的夜色中，它们用发达的触角到处搜寻食物，随时准备大吃一顿。

● 蟑螂的祖先早在3.2亿年前就出现了，正是由于它们对环境和食物极强的适应性，才使得其家族日益壮大。比如，家中角落里会有我们的毛发和指甲，这些听起来毫无营养价值的东西也可以成为蟑螂的食物，甚至在你呼呼大睡之时，蟑螂还会爬到你的身上来啃食睫毛！

我们要远离的虫子

守株待兔的杀手——蜱（pí）虫

缉捕令

嫌疑虫： 蜱虫

体型： 吸血前2～10毫米

特征： _____

习性： 守株待兔吸食血液

危害： 传播多种疾病

出没场所： 草丛、树林

通缉级别： B

请补充缉捕令中缺失的信息。

● 前面的这些虫子都有相同的特征，即都拥有6条腿。而现在要介绍的蜱虫，它却"特立独行"地长着8条腿。原来，蜱并不属于昆虫家族的一员，它和蜘蛛、蝎子等都属于蛛形纲家族。

● 与能够到处飞行的蚊子不同，蜱虫更喜欢守株待兔。在没有宿主经过的时候，它们常聚集在路边草丛及灌木丛中。一旦宿主出现在附近，它们能立即感受到宿主动物所呼出的二氧化碳，并变得活跃起来。只要宿主动物恰巧经过它的身边，它就会立刻攀爬上去，然后尽情地吸食鲜血。贪婪的蜱虫在吸饱血后，身体可以变成原来的数倍大小！

想一想

观察蜱虫的照片，是不是觉得它与之前介绍的那些昆虫家族中的害虫还有其他方面的区别？请将你的观察结果记录在表格里。

昆虫	蜱虫
有一对触角	
有三对足	
身体分为头、胸、腹三节	身体分颚体、躯体两部分
腹部分成多节	

蜱，吸血前

蜱，吸血后

我们要远离的虫子

害虫幼儿园

请你将自己刚出生时的照片翻出来，是不是觉得完全认不出婴儿时期的自己了？其实，许多害虫在"儿时"也长着一张与成年后完全不同的脸，有些甚至可以说是完成了"超级变变变"的华丽转身！

虫大十八变的蚊子

● 别看蚊子的成虫如此灵活善飞，它在幼年时期可是个不折不扣的游泳高手。蚊子的幼虫称为孑孓 (jié jué)，身体细长，和它的成虫一点儿也不像。我们把这种幼虫和成虫在形态和生活习性上完全不同的发育现象称为完全变态发育。

● 孑孓主要生活在水塘、水坑等处，以藻类和细菌为生。它最大的特点就是在腹部的末端长有一根长长的"管子"。

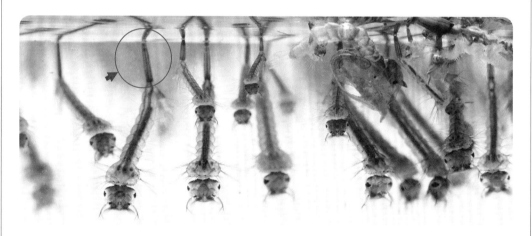

● 请开动脑筋，猜一猜这根神奇的"管子"到底有什么作用？

A. 帮助孑孓在受到其他生物攻击的时候进行防御。

B. 浮漂，让孑孓可以始终浮在水的表面。

C. 孑孓可以用它刺入猎物的体内，吸食猎物的血液。

D. 是一根呼吸管，帮助孑孓在水下很好地进行呼吸。

答案：D

我们要远离的虫子

从一而终的小强

● 当你在家里遇到蟑螂的时候，你会不会感到困惑：为什么有些蟑螂个子小而且没有翅膀，有些却体形较大且长着发达的翅膀？难道它们是两种不同的蟑螂吗？

● 原来，蟑螂与蚊子不同，它们是一类不完全变态的昆虫，也就是说，它们从"出生"的时候起就与成虫没有太大差别，幼虫仅仅是体形较小且翅膀还没长出而已。

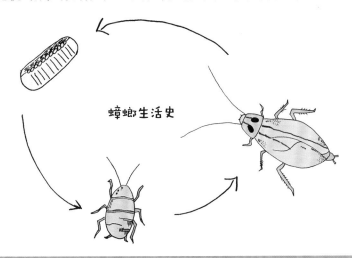

蟑螂生活史

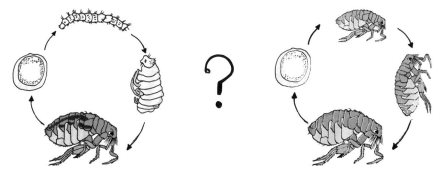

考一考

通过之前的介绍，我们对跳蚤这种小昆虫已经有了初步的了解。那你是否知道跳蚤小时候长什么样呢？它是否从小就是跳高能手，或只是个到处蠕动的肉虫子？请查阅相关资料选择正确的答案吧！

答案：右图。

我们要远离的虫子

自然探索坊

挑战指数： ★ ★ ★ ★ ☆
探索主题： 不同害虫的特点
你要具备： 基础昆虫知识、资料搜索能力
新技能获得： 害虫生物学知识、严密的推理能力

武装到"牙齿"

● 各种虫子的食性不同，它们不断地武装着自己的"牙齿"，从而进化出了多种不同功能的口器。

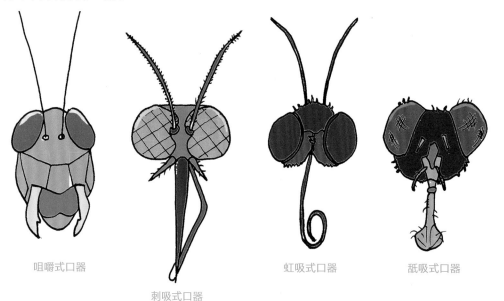

咀嚼式口器

刺吸式口器

虹吸式口器

舐吸式口器

● 假如用百洁布、吸管和老虎钳分别代表不同的口器，你能猜到它们分别代表哪种口器吗？哪些虫子拥有这样的口器？

我猜＿＿＿＿＿＿代表舐吸式口器，＿＿＿＿＿＿拥有这种口器。

我猜＿＿＿＿＿＿代表刺吸式口器，＿＿＿＿＿＿拥有这种口器。

我猜＿＿＿＿＿＿代表咀嚼式口器，＿＿＿＿＿＿拥有这种口器。

我们要远离的虫子

● 现在有三种食物，即一块饼干、一杯果汁和一小碗粥，如果要食用它们的话，该使用什么样的口器（分别用吸管、老虎钳和百洁布表示）？请将食物和工具连线。

害虫侦探

● 最近在小镇里发生了害虫伤人的案件，两位被害人出现了不同的症状。镇长请来了著名的害虫侦探来帮助破案寻找凶手。请你作为侦探助手帮助他破解迷案，并写下你作出此推断的依据。

案件调查：病症和案发地点	凶手	推断理由
新闻采访：居民A，男，说："我在河边散步，回家后出现局部奇痒难忍的情况，第二天头晕呕吐，休养了好几天才恢复。"	蚊子	
新闻采访：居民C，女，说："我儿子在草丛里玩耍，回家后发现他身上有一片区域发红，还有一个非常小的伤口，低烧了好几天，担心死我了。还有我家养的牛，在草场吃过草后，会到农舍边蹭墙，这个情况以前很少见。"	蜱虫	

我们要远离的虫子

防患于未然

● 抓住凶手后，镇长为了确保以后不会再有类似案件的发生，邀请害虫侦探到小镇四周巡视以排除安全隐患。作为侦探的助手，请你从以下环境中找出以上害虫可能滋生的环境，标注出来并报告镇长，以便他今后对小镇环境进行改善。

我们要远离的虫子

奇思妙想屋

● 还在为家里成了蟑螂们的秘密基地而困扰吗？让我们主动出击，把它们请出家门吧！

● 这里有一份制作蟑螂捕捉器的草稿，可惜设计图纸大部分都遗失了，只留下了部分草稿，其中记载了制作过程中所需要注意的一些事项，请你根据这些残余信息，帮助设计一款好用的蟑螂捕捉器。

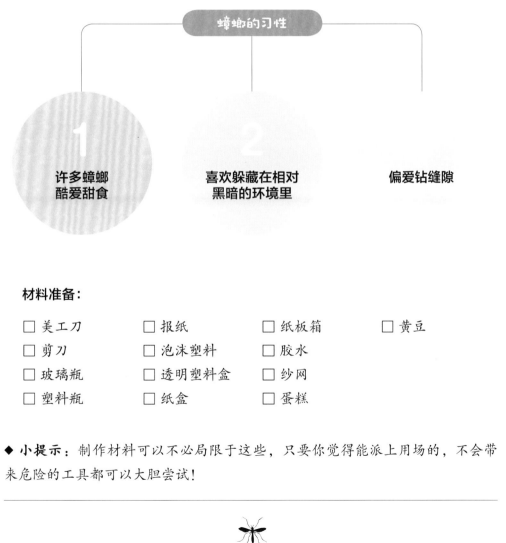

蟑螂的习性

1 许多蟑螂酷爱甜食

2 喜欢躲藏在相对黑暗的环境里

偏爱钻缝隙

材料准备：

☐ 美工刀　　☐ 报纸　　　☐ 纸板箱　　☐ 黄豆

☐ 剪刀　　　☐ 泡沫塑料　☐ 胶水　　　

☐ 玻璃瓶　　☐ 透明塑料盒　☐ 纱网　　　

☐ 塑料瓶　　☐ 纸盒　　　☐ 蛋糕

◆ **小提示**：制作材料可以不必局限于这些，只要你觉得能派上用场的，不会带来危险的工具都可以大胆尝试！

我们要远离的虫子

13

选用道具：

☑ 一张报纸　☑ 一个纸盒　☑ 一个塑料瓶　☑ 蛋糕

制作步骤：

1. 将塑料瓶沿瓶颈部剪开，留下瓶身部分。

2. 将报纸卷成漏斗状并在底部留有一小孔。

3. 将蛋糕放入事先准备好的塑料瓶底，然后将卷好的报纸插入塑料瓶，报纸与瓶底之间留出一定距离，接下来，用透明胶带将报纸与瓶身固定。

4. 在纸盒侧面凿一个洞，洞的直径应与塑料瓶直径相吻合，最后将塑料瓶插入纸盒。

● 这样，一个简易的蟑螂捕捉器就完成了。快点把它放在家里试试效果吧！记住，要放在黑暗的小角落里才可能捉住蟑螂哦！

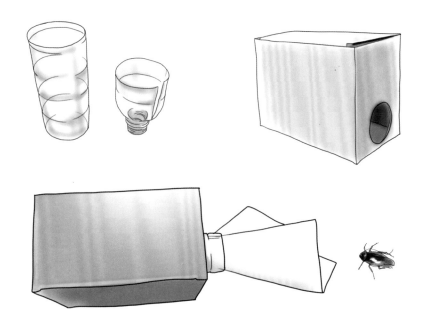

我 们 要 远 离 的 虫 子